Dr. Snehal Dewalkar
Dr. Sameer Shastri
Dr. Vishal Panse

Seleção óptima do tratamento de águas residuais domésticas utilizando a abordagem MCDM

Dr. Snehal Dewalkar
Dr. Sameer Shastri
Dr. Vishal Panse

Seleção óptima do tratamento de águas residuais domésticas utilizando a abordagem MCDM

ScienciaScripts

Cover image: www.ingimage.com

This book is a translation from the original published under ISBN 978-620-7-48755-4.

Publisher:
Sciencia Scripts
is a trademark of
Dodo Books Indian Ocean Ltd. and OmniScriptum S.R.L publishing group

120 High Road, East Finchley, London, N2 9ED, United Kingdom
Str. Armeneasca 28/1, office 1, Chisinau MD-2012, Republic of Moldova, Europe
Printed at: see last page
ISBN: 978-620-8-08182-9

Conteúdo

Capítulo 1

INTRODUÇÃO

Nos próximos 20 anos, a água potável tornar-se-á mais difícil de encontrar em muitos locais do mundo. Este problema afecta tanto os países desenvolvidos como os países em desenvolvimento. A água pode ficar poluída com sal, demasiados nutrientes, químicos nocivos e metais. Uma forma de ajudar a resolver este problema é a utilização de Estações de Tratamento de Esgotos (ETAR) avançadas para limpar as águas residuais de modo a poderem ser novamente utilizadas.

Devido ao crescimento da população, há uma tendência para viver em comunidades e grupos maiores. Consequentemente, estão a ser criadas na Índia estações de tratamento de águas residuais descentralizadas para dar resposta às necessidades de tratamento em maior escala. Estes sistemas oferecem uma alternativa às estações de tratamento de águas residuais centralizadas. No entanto, surgem problemas quando as estações descentralizadas não são operadas corretamente.

Muitas vezes, deparamo-nos com múltiplas opções quando tomamos decisões, o que torna difícil identificar a melhor escolha com base em critérios pré-determinados. Este desafio também é evidente quando se seleciona uma Estação de Tratamento de Esgotos (ETAR) de alta qualidade.

Para lidar com a incerteza no processo de tomada de decisão para a seleção de fornecedores, é normalmente utilizada uma combinação de teoria de conjuntos difusos e métodos de tomada de decisão multicritério (MCDM). Esta abordagem oferece um quadro adequado para lidar com critérios imprecisos e permite a integração de factores qualitativos e quantitativos na análise. Exemplos de tais métodos incluem o Fuzzy AHP (Analytic Hierarchy Process) e o Fuzzy TOPSIS (Technique for Order Preference by Similarity to Ideal Solution), entre outros.

Este estudo aplica o processo de hierarquia analítica difusa (FAHP) para determinar a importância global de vários critérios e subcritérios. Além disso, também utiliza a técnica difusa de ordenação de preferências por semelhança com a situação ideal (TOPSIS) para determinar as classificações dos diferentes STP. Os resultados deste estudo ajudarão os clientes a afetar e utilizar eficazmente o STP e a reduzir o problema da água na sociedade.

O processo hierárquico analítico difuso (Fuzzy Analytic Hierarchy Process - FAHP) é um método amplamente utilizado para a tomada de decisões multicritério. Ajuda a atribuir pesos aos critérios e a classificar sistematicamente as alternativas através de comparações entre pares. Por outro lado, o Fuzzy TOPSIS é outro método utilizado para a tomada de decisões multicritério. Determina a melhor alternativa encontrando a distância mais curta da solução ideal positiva e a distância mais longa da solução ideal negativa, utilizando a distância euclidiana como medida de proximidade da solução óptima

1.1 Problema

A escolha de um sistema de tratamento de águas residuais inadequado para necessidades específicas pode conduzir a vários problemas. Eis quatro problemas frequentes encontrados nas estações de tratamento de águas residuais (ETAR), explicados com mais pormenor: Sobreaquecimento dos ventiladores e arejamento insuficiente: Os ventiladores de uma ETAR são cruciais para fornecer o oxigénio necessário aos microrganismos que decompõem os resíduos. Se estes ventiladores sobreaquecerem ou não fornecerem ar suficiente, a eficiência de todo o processo de tratamento diminui. Isto pode acontecer devido a utilização excessiva, falta de manutenção ou dimensionamento incorreto dos ventiladores para os requisitos do sistema.

Exceder os limites de drenagem prescritos: As ETAR são concebidas para tratar uma determinada capacidade de águas residuais. Quando o afluxo excede esses limites, pode sobrecarregar o sistema, conduzindo a um tratamento incompleto e à possível descarga de águas residuais não tratadas ou parcialmente tratadas. Este transbordo pode resultar de aumentos súbitos do volume de águas residuais, de uma conceção inadequada do sistema ou da não atualização do sistema em resposta às crescentes exigências.

Fuga de lamas do tanque de decantação: O tanque de decantação é o local onde as partículas de resíduos sólidos (lamas) devem assentar na água. Se as lamas começarem a sair deste tanque, isso indica uma falha no processo de contenção ou de sedimentação. As causas podem incluir fissuras no tanque, práticas incorrectas de remoção de lamas ou sobrecarga do sistema, o que impede que os sólidos se depositem corretamente.

Baixo teor de matéria seca das lamas drenadas: Após o tratamento das águas residuais, as lamas remanescentes devem ter um elevado teor de matéria seca para facilitar o seu manuseamento, eliminação ou utilização posterior. Um baixo teor de matéria seca significa que as lamas são demasiado aquosas, o que pode ser problemático para a eliminação e pode indicar problemas com a fase de desidratação do tratamento. Isto pode dever-se a um equipamento de desidratação ineficiente, a um mau funcionamento ou a um ajuste inadequado do processo de desidratação às caraterísticas das lamas.

Capítulo 2

REVISÕES DE LITERATURA

Vários estudos investigaram a análise e a conceção de estações de tratamento de águas residuais (ETAR) em vários contextos, fornecendo informações valiosas sobre as práticas de gestão de águas residuais.

M. Aswathy et al. (2017) efectuaram um estudo centrado na conceção de uma ETAR para um complexo de apartamentos em Chennai. O projeto tinha como objetivo tratar eficazmente os resíduos domésticos e comerciais, removendo materiais nocivos das águas residuais para produzir um fluxo de resíduos líquidos ambientalmente seguro e resíduos sólidos adequados para eliminação.

S. Ramya et al. (2015) efectuaram uma revisão sobre a conceção e as caraterísticas das estações de tratamento de águas residuais. Com o aumento da poluição ambiental, há uma necessidade crescente de descontaminar a água, particularmente o esgoto doméstico. Este estudo enfatizou a importância de caraterizar as águas residuais para desenvolver e implementar técnicas de tratamento eficazes, especialmente para controlar o azoto e outros poluentes prioritários.

Puspalatha et al. (2016) examinaram a abordagem de conceção de uma ETAR através de um estudo de caso do Grande Município de Srikakulam. A sua análise envolveu parâmetros como a carência biológica de oxigénio (CBO), as caraterísticas do esgoto bruto e a qualidade do efluente. Verificou-se que a construção de uma ETAR nesta área evitaria a eliminação direta de águas residuais no rio Nagavali, enquanto a utilização de água tratada ajudaria a reduzir a contaminação das águas superficiais e subterrâneas.

Pramod Sambhaji Patil et al. (2016) investigaram a conceção de uma ETAR para a cidade de Dhule, centrando-se em várias unidades de tratamento, tais como crivos, câmaras de areia, tanques de armazenamento, tanques de decantação, tanques de arejamento e tanques de escumação. O estudo também destacou as potenciais utilizações do efluente, incluindo a recarga artificial de águas subterrâneas, a lavagem, o controlo de espuma, a proteção contra incêndios e a aspersão de relvados.

Estes estudos contribuem coletivamente para a nossa compreensão da conceção, funcionamento e impactos ambientais das estações de tratamento de águas residuais, fornecendo informações valiosas para melhorar as práticas de gestão das águas residuais em diversos contextos.

Capítulo 3

ESTAÇÃO DE TRATAMENTO DE ÁGUAS RESIDUAIS

3.1 Recolha de dados

Os dados são recolhidos de diferentes empresas de estações de tratamento de águas residuais que trabalharam em sistemas de tratamento descentralizados. Os dados incluem o seguinte.

1. Projeto de STP para 100 a 150 kld.
2. Custo inicial de construção, ou seja, custo do material, custo da mão de obra, bombas e outras instalações electromecânicas necessárias.
3. Custos de funcionamento e manutenção, ou seja, produtos químicos necessários e respectiva quantidade, consumo de eletricidade e custos de reparação.

100 KLD Estação de tratamento de águas residuais

Quadro 1: Reator de biofilme de leito móvel (MBBR)

N.º Sr.	Custo		Preços
1	Custo inicial de construção		
		Custo do material	3,62,005
		Custo da mão de obra	1,27,622
		Custo da bomba	17,22,069
		Custo dos dispositivos eléctricos	5,21,640
2	Operação e manutenção Custo		
		Custo do polímero	4,000
		Químico recorrente	40,000
		Outros produtos químicos	9,000
		Custo da eletricidade	49,000
		Custo anual de reparação	19,400

Quadro 2: Bioreactor de membrana (MBR)

N.º Sr.	Custo		Preço
1	Custo inicial de construção		
		Custo do material	7,89,952
		Custo da mão de obra	1,56,765
		Custo da bomba	98,640
		Custo dos dispositivos eléctricos	1,89,000
2	Operação e manutenção Custo		
		Limpeza química	3,600
		Químico para desinfeção	2,880
		Consumo de eletricidade	20,360
		Custo de reparação	13,680
		Substituição de membranas	18,000-40,000
		Trabalho	12,600

Quadro 3: Processo de lamas activadas (ASP)

N.º Sr.	Custo		Preço
1	Custo inicial de construção		
		Custo médio do capital	6,80,000
		Custo médio do capital	4,00,000
		Custo total do capital	10,080,00
2	Operação e manutenção Custo		
		Consumo de eletricidade	40,700
		Custo químico	53,000
		Custo de reparação	23,800
		Custo da mão de obra	1,25,000

Quadro 4: Reator descontínuo sequenciado (SBR)

N.º Sr.	Custo		Preço
1	Custo inicial de construção		
		Custo do material	5,89,987
		Custo das bombas	2,45,367
		Custo dos dispositivos eléctricos	98,400
2	Operação e manutenção Custo		
		Consumo de eletricidade	40,000
		Custo químico	5,000
		Custo de reparação	15,000

3.2 Questionário com peritos em matéria de ambiente

Desenvolvemos um inquérito conciso sobre sistemas de tratamento de águas residuais e consultámos especialistas em estudos ambientais para recolher as suas opiniões. Este esforço de colaboração melhorou significativamente a nossa compreensão das estações de tratamento de águas residuais e dos desafios associados que enfrentam

3.2.1 Avaliação dos critérios e subcritérios

Este estudo determina os aspectos ambientais, económicos, técnicos e socioculturais e os seus subcritérios. Estes critérios são considerados como indicadores fiáveis de STP.

O aspeto ambiental consiste nos subcritérios potencial de aquecimento global, potencial de eutrofização, eficiência de remoção e consumo de energia. Os aspectos económicos consistem nos subcritérios de custo de utilização do solo, despesas de capital (CAPEX), despesas de funcionamento (OPEX), custo de fim de vida, geração de receitas, necessidade de mão de obra. O aspeto técnico consiste nos subcritérios Complexidade, Flexibilidade, Fiabilidade, Replicabilidade, Durabilidade. O aspeto sociocultural consiste na aceitação das partes interessadas, na estética, no impacto do ruído e na produção de odores.

É também selecionado um conjunto de quatro grandes STP. São elas o processo de lamas activadas (ASP), o reator sequencial descontínuo (SBR), o reator biológico de membrana (MBR) e o reator de biofilme de leito móvel (MBBR). Estes são os STP mais preferidos para edifícios residenciais.

No total, foram contactados 45 peritos e consultores em matéria de ambiente através de telefonemas, e-mails e visitas pessoais, dos quais apenas 5 responderam.

A comparação dos critérios com os critérios e dos subcritérios com os subcritérios na parte 1 e a comparação do STP com os subcritérios na parte 2 foram colocadas no inquérito por questionário, bastando ao perito classificar a comparação na escala de Satty dada no formulário de feedback.

3.3 Utilização da inteligência artificial

Utilizaremos a lógica difusa para calcular o inquérito por questionário e analisar a estação de tratamento de águas residuais adequada.

Determinação dos critérios e subcritérios do problema através da revisão da literatura e avaliação da importância dos mesmos através do método do teste de student

Fuzzy AHP

Passo 1: Construção de matrizes de combinação de pares difusas e agregação das opiniões dos peritos.

Passo 2: Cálculo da média geométrica difusa de cada critério.

Etapa 3: Cálculo dos pesos fuzzy de cada critério e subcritério

Etapa 4: Cálculo dos pesos normalizados de cada critério e subcritério

Etapa 5: Cálculo dos pesos globais

Fuzzy TOPSIS

Passo 1: Construir uma matriz de combinação de pares difusa.

Passo 2: Normalização da matriz de decisão difusa e cálculo da matriz de decisão difusa normalizada ponderada

Passo 3: Determinar a solução ideal positiva e negativa

Passo 4: Cálculo da distância de cada alternativa em relação ao FPIS e ao FNIS

Etapa 5: Calcular o coeficiente de proximidade e classificar as alternativas

Fig. 3.3.1: Proposta de quadro integrado fuzzy AHP - TOPSIS

Fuzzy AHP

Satty 1965 propôs o método AHP, que é a ferramenta mais frequentemente utilizada para a tomada de decisões com base na tomada de decisões multicritério (MCDA). Dado que o método AHP apresenta inconvenientes devido à utilização de números exactos (por exemplo, 1-9) para determinar a importância dos critérios, o método AHP difuso foi desenvolvido como uma extensão do método AHP que ultrapassa os inconvenientes deste método. Os peritos adoptam termos linguísticos naturais (por exemplo, igualmente importante, pouco importante) para exprimir as suas opiniões no AHP difuso.

Tabela 5: Termos linguísticos para: fuzzy AHP.

Balança Satty	Definição	Escala triangular difusa
1	Igualmente importante	(1, 1, 1)
3	Moderadamente importante	(2, 3, 4)
5	Muito importante	(4, 5, 6)
7	Muito importante	(6, 7, 8)
9	Extremamente importante	(9, 9, 9)
2		(1, 2, 3)
4	Valores intermédios entre as duas sentenças adjacentes.	(3, 4, 5)
6		(5, 6, 7)
8		(8, 7, 9)

Passo 1: Construir matrizes de comparação de pares difusas.

$$\widetilde{A}^k = \begin{bmatrix} \tilde{d}_{11}^k & \tilde{d}_{12}^k & \dots & \tilde{d}_{1n}^k \\ \tilde{d}_{21}^k & \dots & \dots & \tilde{d}_{2n}^k \\ \dots & \dots & \dots & \dots \\ \tilde{d}_{n1}^k & \tilde{d}_{n2}^k & \dots & \tilde{d}_{nn}^k \end{bmatrix}$$

onde $\widetilde{d_{ij}^k}$ representa a preferência do k-ésimo decisor pelo i-ésimo critério em relação ao j-ésimo critério. Se vários decisores avaliarem a sua decisão, é actualizada uma preferência média para as matrizes de comparação par a par para todos os critérios, da seguinte forma

$$\widetilde{\mathrm{A}} = \begin{bmatrix} \widetilde{d_{11}} & \cdots & \widetilde{d_{1n}} \\ \dots & \ddots & \dots \\ \widetilde{d_{n1}} & \cdots & \widetilde{d_{nn}} \end{bmatrix}$$

$$\widetilde{d_{ij}} = \frac{\sum_{k=1}^{k} \tilde{d}_{ij}^k}{K}$$

Passo 2: Utilizar a técnica da média geométrica para definir a média geométrica fuzzy e os pesos fuzzy de cada critério.

$$\tilde{\mathbf{r}}_i = \left(\prod_{j=1}^{n} \tilde{d}_{ij} \right)^{1/n}, \ i = 1, 2, \dots, n$$

Em que $\tilde{\mathbf{r}}_i$ é a média geométrica fuzzy e $\widetilde{d_{ij}}$ é a preferência dos decisores pelo critério th em relação ao critério j.

Passo 3: Determinar o peso fuzzy dos critérios.

$$\widetilde{\mathbf{w}}_i = \tilde{\mathbf{r}}_i \times \left(\tilde{\mathbf{r}}_1 + \tilde{\mathbf{r}}_2 + \cdots + \tilde{\mathbf{r}}_n \right)^{-1}$$

Em que $\widetilde{\mathbf{w}}_i$ critério é o peso difuso do critério.

Passo 4: Calcular os critérios de peso médio e normalizado:

$$\mathbf{M}_i = \frac{\tilde{w}_1 + \tilde{w}_2 + \cdots + \tilde{w}_n}{n}$$

$$\mathbf{N}_i = \frac{\mathbf{M}_i}{\mathbf{M}_1 + \mathbf{M}_2 + \cdots + \mathbf{M}_n}$$

Em que Mi é a média e Ni é o critério de peso normalizado.

3.3.2 Fuzzy TOPSIS

O Fuzzy TOPSIS é frequentemente utilizado para classificar diferentes alternativas com base nas distâncias mais curta e mais distante da solução ideal positiva e da solução ideal negativa, respetivamente. Shaverdi et al. e Chou et al. referem que o TOPSIS difuso é calculado através dos seguintes passos.

Etapa 1: Determinar as ponderações dos critérios de avaliação.

Os pesos dos critérios do fuzzy AHP são utilizados para o fuzzy TOPSIS.

Passo 2: Construir a matriz de decisão fuzzy:

$$\widetilde{\mathbf{D}} = \begin{matrix} A_1 \\ \ldots \\ A_m \end{matrix} \overset{\begin{matrix} C_1 & \ldots & C_n \end{matrix}}{\begin{bmatrix} \tilde{x}_{11} & \cdots & \tilde{x}_{1n} \\ \vdots & \ddots & \vdots \\ \tilde{x}_{m1} & \cdots & \tilde{x}_{mn} \end{bmatrix}}, \; i = 1, 2, \ldots, m; j = 1, 2, \ldots, n$$

onde $\tilde{x}_{ij}^k = (a_{ij}, b_{ij}, c_{ij}), a_{ij} = min_k \left\{a_{ij}^k\right\}, b_{ij} = \frac{1}{k}\sum_{k=1}^{k} b_{ij}^k, c_{ij} = max_k \left\{c_{ij}^k\right\}$

$\tilde{x}_{ij_1}^k$ é a classificação do desempenho da alternativa Ai em relação ao critério Cj avaliado pelo perito k.

Passo 3: Calcular a matriz de decisão fuzzy normalizada.

$$\tilde{r}_{ij} = \left(\frac{a_{ij}}{c_j^*}, \frac{b_{ij}}{c_j^*}, \frac{c_{ij}}{c_j^*}\right) \text{ and } c_j^* = max_i \{c_{ij}\} \text{ for benefit criteria}$$

$$\tilde{r}_{ij} = \left(\frac{a_j^-}{c_{ij}}, \frac{a_j^-}{b_{ij}}, \frac{a_j^-}{a_{ij}}\right) \text{ and } a_j^- = min_i \{a_{ij}\} \text{ for cost criteria}$$

Em seguida, calcular a matriz de decisão fuzzy normalizada ponderada

$$\tilde{v}_{ij} = \tilde{r}_{ij} \times w_j$$

Em que $\tilde{v}_{ij}$: é a matriz de decisão fuzzy normalizada ponderada.

Passo 4: Determinar a solução fuzzy positiva-ideal (FPIS) e a solução fuzzy negativa-ideal (FNIS).

$$A^+ = (\tilde{v}_1^*, \tilde{v}_2^*, \ldots, \tilde{v}_n^*), \text{ where } \tilde{v}_j^* = max_i \{v_{ij3}\}$$

$$A^- = (\tilde{v}_1^-, \tilde{v}_2^-, \ldots, \tilde{v}_n^-), \text{ where } \tilde{v}_j^- = min_i \{v_{ij1}\}$$

Em que A+ é a solução fuzzy positiva-ideal e A- é a solução fuzzy negativa-ideal.

- Passo 5: Calcular a distância de cada alternativa ao FPIS e ao FNIS.

As distâncias (v) de cada alternativa em relação a A* e A^- podem ser calculadas utilizando o método de compensação de áreas:

$$\tilde{d}_i^+ = \sum_{j=1}^{n} d(\tilde{v}_{ij}, \tilde{v}_j^*), i = 1, 2, \ldots, m; j = 1, 2, \ldots, n$$

$$\tilde{d}_i^- = \sum_{j=1}^{n} d(\tilde{v}_{ij}, \tilde{v}_j^-), i = 1, 2, \ldots, m; j = 1, 2, \ldots, n$$

Em que d_i^+ and d_i^- distâncias de A* e A-.

Quais são as distâncias de A* e A-.

Passo 6: Obter os coeficientes de proximidade (grau de lacunas relativas) e melhorar as alternativas para atingir os níveis de aspiração em cada critério:

$$CC_i = \frac{\tilde{d}_i^-}{\tilde{d}_i^+ + \tilde{d}_i^-} = 1 - \frac{\tilde{d}_i^+}{\tilde{d}_i^+ + \tilde{d}_i^-}, i = 1, 2, \ldots, m$$

em que $C\tilde{C}_{ii}$ é o coeficiente de proximidade.

3.4 Métodos

A tomada de decisão multicritério (MCDM) é uma técnica fundamental utilizada para gerir objectivos contraditórios através da classificação de vários critérios e oferece uma abordagem estruturada para ajudar os decisores a escolher a melhor opção em cenários incertos e complexos. No domínio do STP, os métodos tradicionais como o AHP e o TOPSIS têm sido predominantemente utilizados para avaliar o desenvolvimento sustentável. Estes métodos baseiam-se frequentemente em escalas numéricas fixas (por exemplo, 1-9) para avaliar a importância dos diferentes critérios, conduzindo a soluções que podem não refletir com precisão as complexidades do mundo real. Além disso, a natureza subjectiva destes modelos tradicionais não garante decisões completamente precisas. Para resolver estas questões, este estudo introduz métodos de lógica difusa, que utilizam números difusos em vez de valores exactos, reflectindo melhor a natureza ambígua dos ambientes da vida real. As técnicas difusas são especialmente eficazes para lidar com os desafios da tomada de decisões em grupo nestes contextos difusos. Esta investigação visa avaliar e escolher as melhores alternativas para o STP utilizando os métodos AHP difuso e TOPSIS difuso, que substituem os seus equivalentes tradicionais para obter uma solução mais realista e adequada para identificar e selecionar os melhores indicadores e alternativas no STP.

3.5 Resultado empírico

3.5.1 Resultados do Fuzzy AHP

O Fuzzy AHP foi calculado para quatro critérios principais de STP, nomeadamente o aspeto ambiental, o aspeto económico, o aspeto técnico e o aspeto sociocultural. Foram também calculados os resultados dos subcritérios. O processo de cálculo dos critérios é demonstrado na secção seguinte. Os resultados dos subcritérios foram apresentados na secção seguinte.

Quadro 6: Etapa 1: Construir a matriz de combinação de comparações difusas por pares.

	Ambiental			**Económico**			**Técnica**			**Sócio-cultural**		
Ambiental	1	1	1	0.12	3.07	9	0.11	0.36	1	0.12	1.73	6
Económico	0.11	2.66	8	1	1	1	0.11	0.23	8	0.12	1.33	6
Técnica	1	5.02	9.09	0.12	2.51	9.09	1	1	1	0.12	2.16	8
Sócio-cultural	0.37	3.31	8	0.17	3.44	8	0.12	2.71	8	1	1	1

Tabela 7: Passo 2: Utilizar a técnica da média geométrica para definir a média geométrica fuzzy e os pesos fuzzy de cada critério.

	Média geométrica		
Ambiental	0.204	1.173	2.711
Económico	0.198	1.692	4.427
Técnica	0.354	2.285	5.071
Sócio-cultura	0.243	2.356	4.757
Total	0.998	7.507	16.965

Tabela 8: Passo 3: Determinar o peso difuso dos critérios.

	Peso difuso		
Ambiental	0.012	0.156	2.717
Económico	0.012	0.225	4.437
Técnica	0.021	0.304	5.083
Sócio-cultura	0.014	0.314	4.76

Tabela 9: *Passo 4:* Calcular os critérios de peso médio e normalizado.

	Peso difuso			**MI**	**Peso normalizado**
Ambiental	0.012	0.156	2.717	0.962	0.160
Económico	0.012	0.225	4.437	1.558	0.259
Técnica	0.021	0.304	5.083	1..803	0.299
Sócio-cultura	0.014	0.314	4.76	1.699	0.282
Total				**6.022**	**1**

Quadro 10: O quadro mostra os resultados do fuzzy AHP para os subcritérios de um aspeto ambiental e os seus pesos.

	GWP			Potencial de eutrofização			Eficiência de remoção			Consumo de energia		
GWP	1	1	1	0.12	3.25	8	0.11	2.85	9	0.11	2.84	8
PE	0.12	2.95	8	1	1	1	0.11	0.88	4	0.11	1.67	6
Remoção eficiência	0.11	3.16	9.09	0.25	4.68	9.09	1	1	1	0.11	4.62	9
Consumo de energia	0.12	3.68	9.09	0.17	5.12	9.09	0.11	2	9.09	1	1	1

Tabela 11: Peso normalizado

	MI	Peso normalizado
GWP	2.011	0.256
PE	1.518	0.194
Eficiência de remoção	2.160	0.276
Consumo de energia	2.151	0.274
Total	**1.840**	**1**

Quadro 12: O quadro mostra os resultados da matriz de combinação AHP fuzzy para os subcritérios de um aspeto económico e os pesos.

	Custo de utilização do terreno			**CAPEX**			**OPEX**			**Custo de fim de vida**			**Geração de receitas**			**Necessidade de mão de obra**		
Custo de utilização do solo	1	1	1	0.11	0.91	5	0.11	2.62	6	0.17	0.61	1	0.14	1.31	6	0.17	0.57	3
PACEX	0.2	5.86	9.09	1	1	1	0.11	1.00	5	0.33	4.1	8	0.13	1.31	4	0.17	0.62	3
OPEX	0.16	1.98	9.09	0.2	4.2	9.09	1	1	1	0.14	4.03	8	0.125	3.82	8	0.11	1.86	8
Fim da vida	1	2.40	5.98	0.12	0.69	3.03	0.12	1.49	6.99	1	1	1	0.11	1.2	6	0.12	0.278	1
RG	0.16	3.43	6.99	0.25	3.5	8	0.12	1.61	8	0.16	4.43	9.09	1	1	1	0.33	2.1	8
ROM	0.33	3.9	5.98	0.33	3.5	5.98	0.12	3.02	9.09	1	4.4	8	0.12	1.03	3.03	1	1	1

Tabela 13: Peso normalizado

	MI	Peso normalizado
Custo de utilização do terreno	0.680	0.109
CAPEX	0.969	0.156
OPEX	1.417	0.227
Fim da vida	0.718	0.115
Geração de receitas	1.357	0.218
Necessidade de mão de obra	1.089	0.175
Total	**6.230**	**1**

Quadro 14: O quadro mostra os resultados da matriz de combinação fuzzy AHP para os subcritérios de um aspeto técnico e os seus pesos.

	Complexidade			**Fiabilidade**			**Flexibilidade**			**Replicabilidade**			**Durabilidade**		
Complexit Y	1	1	1	0.1 1	0.3 1	1	0.1 1	0.1 3	0.2 5	0.1 1	0.5 5	3	0.1 1	0.3 1	1
Fiabilidade	1	6.0 1	9.0 9	1	1	1	0.1 1	1.6 9	8	0.1 1	2.3 0	9	0.1 1	2.0 5	9
Flexibilidade	4	7.8 5	9.0 9	0.1 2	0.4 4	9.0 9	1	1	1	0.1 1	3.2 6	9	0.1 1	3.6 6	9
Replicabilidade	0.3 3	5.1	9.0 9	0.1 1	3.6 8	9.0 9	0.1 1	2.7 3	9.0 9	1	1	1	0.1 1	1.8 9	1
Durabilidade	1	6.0 1	9.0 9	0.1 1	3.6 2	9.0 9	0.1 1	2.9 1	9.0 9	0.1 2	2.6 3	9.0 9	1	1	1

Tabela 15: Peso normalizado

	MI	Peso normalizado
Complexidade	0.258	0.039
Fiabilidade	1.540	0.234
Flexibilidade	1.615	0.246
Replicabilidade	1.555	0.237
Durabilidade	1.603	0.244
Total	**6.572**	1

Quadro 16: O quadro mostra os resultados da matriz de combinação fuzzy AHP para os subcritérios do Aspeto técnico e os pesos.

	Aceitação das partes interessadas			**Estética**			**Geração de odores**			**Impacto do ruído**		
Aceitação das partes interessadas	1	1	1	0.11	3.82	8	0.11	0.31	1	0.11	0.315	1
Estética	0.16	1.90	9.09	1	1	1	0.11	0.14	0.25	0.11	1.51	8
Geração de odores	1	5.79	9.09	4	7.2	9.09	1	1	1	0.25	3.66	9
Impacto do ruído	1	6	9.09	0.125	5.84	9.09	0.11	1.05	4	1	1	1

Tabela 17: Peso normalizado

	MI	Peso normalizado
Aceitação das partes interessadas	0.360	0.124
Estética	0.435	0.150
Geração de odores	1.177	0.405
Impacto do ruído	0.931	0.321
Total	**2.903**	**1**

Quadro 18: O quadro mostra os resultados da matriz de combinação fuzzy AHP para os subcritérios de um aspeto técnico e os seus pesos.

Critérios	Peso	Subcritérios	Peso local	Peso global
Ambiental	0.160	**GWP**	0.256	0.041
		PE	0.194	0.031
		RE	0.276	0.044
		CE	0.274	0.044
Económico	0.259	**Custo de utilização do terreno**	0.109	0.028
		CAPEX	0.156	0.040
		OPEX	0.277	0.059
		Fim da vida	0.115	0.030
		Geração de receitas	0.218	0.056
		Necessidade de mão de obra	0.175	0.045
Técnica	0.299	**Complexidade**	0.039	0.012
		Fiabilidade	0.234	0.070
		Flexibilidade	0.246	0.074
		Replicabilidade	0.237	0.071
		Durabilidade	0.244	0.073
Sócio-cultura	0.282	**Aceitação das partes interessadas**	0.124	0.035
		Impacto estético/visual	0.150	0.042
		Geração de odores	0.405	0.114
		Impacto do ruído	0.321	0.090

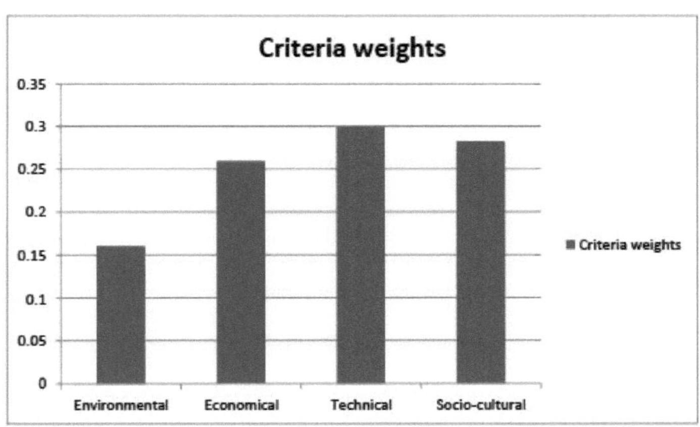

Fig. 3.4.1: Pesos de cada critério

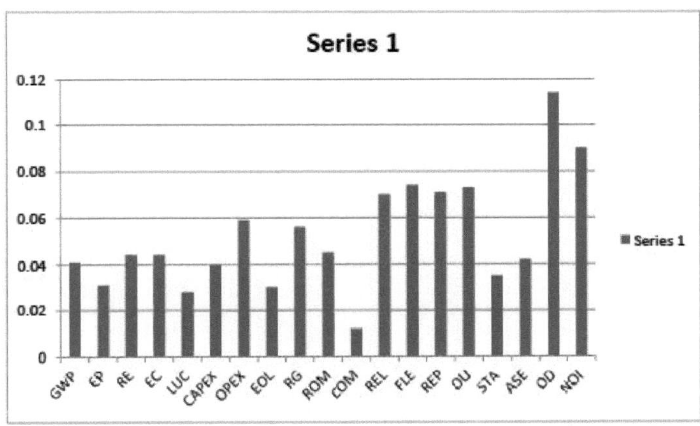

Fig. 3.4.2: Pesos globais de um subcritério

3.5.2 Fuzzy TOPSIS

O Fuzzy TOPSIS foi calculado para os subcritérios gerais, ou seja, GWP, potencial de eutrofização, eficiência de remoção, consumo de energia, custo de utilização do solo, CAPEX, OPEX, custo de fim de vida, geração de receitas, necessidade de mão de obra, complexidade, fiabilidade, flexibilidade, replicabilidade, durabilidade, aceitação das partes interessadas, estética, geração de odores, impacto do ruído.

Quadro 19'. Etapa 1: Construir uma matriz de combinação de comparação de pares TOPSIS difusa dos subcritérios.

	GWP			Eutroficação Potencial			Eficiência de remoção			Consumo de energia			Custo de utilização do terreno			CAPEX			OPEX			Custo de fim de vida			Geração de receitas		
ASP	1	3	2	1	3	5	1	3.4	5	1	2.6	5	2	3.8	5	1	3.6	5	1	2.8	5	1	2.8	4	2	3.6	5
SBR	1	2.8	3	1	3	5	2	3.2	5	1	3.2	5	1	3.2	5	2	3.4	5	1	3	5	1	3	5	2	3.8	5
MBR	1	3	3	1	3.2	5	1	2.6	5	1	3.2	5	1	3.4	5	1	2.4	4	1	2.8	5	1	2.6	5	1	3.2	5
MBBR	1	3.2	4	1	2.6	5	1	2.8	5	2	3.6	5	2	4.4	5	1	3.4	5	1	3.2	5	1	3	5	1	3.4	5

	Necessidade de mão de obra			Complexidade			Fiabilidade			Flexibilidade			Replicabilidade			Durabilidade			Aceitação das partes interessadas			Estética			Geração de odores		
ASP	1	1	3.4	5	1	3.8	5	2	3.8	1	3.4	5	1	3.8	5	2	3.8	1	3.4	5	1	3.8	5	2	3.8	3.6	5
SBR	1	2	3.6	5	1	3.4	5	1	3	2	3.6	5	1	3.4	5	1	3	2	3.6	5	1	3.4	5	1	3	3.8	5
MBR	1	1	3.4	5	1	3.8	5	1	3.4	1	3.4	5	1	3.8	5	1	3.4	1	3.4	5	1	3.8	5	1	3.4	3.2	5
MBBR	1	2	4	5	2	3.8	5	2	3.6	2	4	5	2	3.8	5	2	3.6	2	4	5	2	3.8	5	2	3.6	3.4	5

Quadro 20: Passo 2\ Calcular a matriz de decisão fuzzy normalizada.

	GWP			Potencial de eutrofização			Eficiência de remoção			Consumo de energia			Custo de utilização do terreno			CAPEX			OPEX			Custo de fim de vida			Geração de receitas		
Weights	0.0001	0.033	15.68	0.0001	0.025	11.91	0.0001	0.06	16.71	0.0001	0.039	16.76	0	0.021	8.61	0.001	0.034	12.197	0	0.052	17.8	0.0001	0.02	9.117	0.0001	0.049	17.04
ASP	0.25	0.75	0.5	0.2	0.6	1	0.2	0.68	1	0.2	0.552	1	0.4	0.76	1	0.2	0.72	1	0.2	0.56	1	0.2	0.56	0.8	0.4	0.72	1
SBR	0.25	0.7	.75	0.2	0.6	1	0.4	0.64	1	0.2	0.664	1	0.2	0.64	1	0.4	0.68	1	0.2	0.6	1	0.2	0.6	1	0.4	0.76	1
MBR	0.25	0.75	0.75	0.2	0.664	1	0.2	0.52	1	0.2	0.664	1	0.2	0.68	1	0.2	0.48	0.8	0.2	0.56	1	0.2	0.52	1	0.2	0.64	1
MBBR	0.25	0.8	1	0.2	0.552	1	0.2	0.56	1	0.4	0.72	1	0.4	0.88	1	0.2	0.68	1	0.2	0.64	1	0.2	0.6	1	0.2	0.68	1

	Necessidade de mão de obra			Complexidade			Fiabilidade			Flexibilidade			Replicabilidade			Durabilidade			Aceitação das partes interessadas			Estética			Geração de odores		
weights	0.0001	0.033	15.68	0.0007	0.23	1.31	0.004	1.344	7.8	0.006	1.38	8.2	0.005	1.35	7.905	0.005	1.38	8.15	0.0002	0.033	4.59	0.0002	0.033	5.638	0.0007	0.124	12.94
ASP	0.25	0.75	0.5	0.2	0.68	1	0.2	0.76	1	0.4	0.76	1	0.2	0.72	1	0.4	0.84	1	0.2	0.76	1	0.4	0.668	1	0.2	0.68	1
SB	0.	0.7	.75	0.4	0.7	1	0.2	0.6	1	0.2	0.6	1	0.2	0.7	1	0.4	0.7	1	10.	0.7	1	0.4	0.	1	0.2	0.5	1

R	25				2			8						6			6		2	2			68			2	
MBR	0.25	0.75	0.75	0.2	0.68	1	0.2	0.76	1	0.2	0.68	1	0.2	0.72	1	0.2	0.56	1	0.2	0.64	1	0.2	0.72	1	0.2	0.68	1
MBBR	0.25	0.8	1	0.4	0.8	1	0.4	0.76	1	0.4	0.72	1	0.4	0.8	1	0.2	0.68	1	0.6	0.84	1	0.4	0.72	1	0.2	0.64	1

Tabela 21:Passo 3: Determinar a solução ideal positiva difusa (FPIS) e a solução ideal negativa difusa (FNIS).

	GWP			Eutroficação Potencial			Eficiência de remoção			Consumo de energia			Terreno utilização custo			CAPEX			OPEX			Custo de fim de vida			Geração de receitas		
ASP	0.00003	0.02475	0	0.000072	0.02	11.92	0.0009	0.048	16.7	0.00028	0.01	10.0.6	0	0.0168	8.61	0.00006	0.028	12.19	0	0.021	10.6	0.00006	0.016	9.117	0.00007	0.039	17.0.4
SBR	0.00006	0.02475	11.761	0.000072	0.02	11.92	0.0006	0.036	13.4	0.00084	0.03	16.75	0	0.0168	8.61	0.00006	0.028	12.19	0	0.042	17.8	0.0006	0.016	9.117	0.00072	0.039	17.04
MBR	0.00006	0.02475	11.761	0.00048	0.023	11.92	0.0003	0.024	10.1	0.00084	0.03	16.75	0	0.00084	0.0084	0.00002	0.014	7.318	0	0.042	17.8	0.00002	0.08	5.47	0.00024	0.019	10.23
MBBR	0.00006	0.02475	15.682	0.00048	0.015	11.92	0.0006	0.036	13.4	0.000028	0.01	16.75	0	0.0084	0.0084	0.00006	0.028	12.19	0	0.042	17.8	0.00002	0.08	5.47	0.00072	0.039	17.04
A*	0.00003	0.02475	0	0.000072	0.023	11.92	0.0009	0.048	16.7	0.00028	0.1	10.06	0	0.0084	0.0084	0.00002	0.014	7.31	0	0.021	10.8	0.00006	0.016	9.117	0.00072	0.039	17.04
A	0.000	0.0	15.	0.000	0.	9.	0.0	0.0	1	0.0	0.	16.	0	0.0	0.0	0.0	0.0	12.	0	0.0	1	0.00	0.0	5.47	0.0	0.19	10.2

	006	247	68	5	01	53	006	24	0.	008	3	75		168	17	006	28	19		42	7	002	08		02	6	3
	Necessidade de mão de obra			Complexidade			Fiabilidade			Flexibilidade			Replicabilidadey			Durabilidade			Aceitação das partes interessadas			Estética			Geração de odores		
ASP	0.00003	0.019	8.07	0.0001	0.152	1.31	0.0008	1.021	7.8	0.0024	1.04	8.2	0.0009	0.97	7.9	0.002	1.16	8.2	0.04	0.02	4.5	0.00009	0.022	5.63	0.00015	0.084	12.9
SBR	0.00009	0.039	13.5	0.00028	0.1609	1.31	0.0008	0.914	7.8	0.0012	0.82	8.2	0.0009	1.02	7.9	0.002	1.05	8.2	0.04	0.02	4.6	0.00009	0.022	5.63	0.00015.	0.0062	12.9
MBR	0.00009	0.039	13.5	0.0001	0.152	1.31	0.0008	1.02	7.8	0.0012	0.93	8.2	0.0009	0.97	7.9	0.001	0.77	8.2	0.04	0.02	4.6	0.0004	0.023	5.63	0.00015	0.084	12.9
MBBR	0.00009	0.039	13.5	0.0002	0.1788	1.31	0.0017	1.02	7.8	0.0024	0.99	8.2	0.002	1.07	7.9	0.002	0.94	8.2	0.01	0.02	4.6	0.00009	0.023	5.63	0.00015	0.079	12.9
A*	0.00003	0.019	8.079	0.0001	0.152	1.31	0.017	1.02	7.8	0.0024	1.04	8.2	0.002	1.07	7.9	0.002	1.16	8.2	0.01	0.02	4.6	0.00009	0.023	5.63	0.00015	0.064	12.9
A	0.0009	0.039	13.46	0.00028	0.1788	1.31	0.0008	0.91	7.8	0.001	[illegible]	8.2	0.009	O	7.9	0.001	0.77	8.2		0.02	4.6	0.0004	0.022	5.63	0.00015	0.084	12.9

Passo 7: Calcular a distância de cada alternativa ao FPIS e ao FNIS.

	Distância do FPIS																		**Di**
ASP	0.0009	0.0005	0.00001	0	0.001	1.4	0	0.05	0.001	0	0	0.0004	0	0.06	0	0.001	0.0007	0.01	2.54
SBR	2.26	0.0005	0.001	0.003	0	1.4	0.001	0	0	1.5	0.005	0.06	0.12	0.03	0.06	0.002	0.0007	0	5.52
MBR	2.26	0	0.005	0.003	0.0004	0	0	0.0009	0.003	1.5	0	0.0004	0.06	0.06	0.22	0.003	0.00002	0.011	4.12
MBBR	4.53	0.002	0.004	0.004	0.003	1.4	0.002	0	0.002	1.5	0.015	0	0.03	0	0.12	0	0	0.008	7.69

	Distância do FNIS																		Di
ASP	4.52	O.OO1	0.005	0.004	0.001	0.00001	0.002	0.0004	0.002	1.55	0.015	0.06	0.12	0	0.22	0.002	0.00002	0	6.56
SBR	2.26	0.001	0.004	0.001	0.002	0.0007	0.001	1.05	0.003	0.002	0.010	0	0	0.03	0.15	0.001	0.00002	0.011	3.54
MBR	2.26	0.001	0	0.001	0.002	1.4	0.002	1,05	0	0/006	0.015	0.06	0.06	0	0	0	0.0007	0	34.8
MBBR	0	0	0.001	0	0	0.0007	0	1.05	0.001	0	0	0.06	0.09	0.06	0.09	0.003	0.0007	0.02	1.37

Quadro 23: ***Etapa 5***: Obter os coeficientes de proximidade e as classificações de um STP.

Critérios	di*	di-	CCi	Classificação
ASP	2.54	6.56	9.10	1
SBR	5.52	3.54	4.19	3
MBR	4.12	34.8	6.04	2
MBBR	7.69	1.37	1.44	1

Classificação de STP

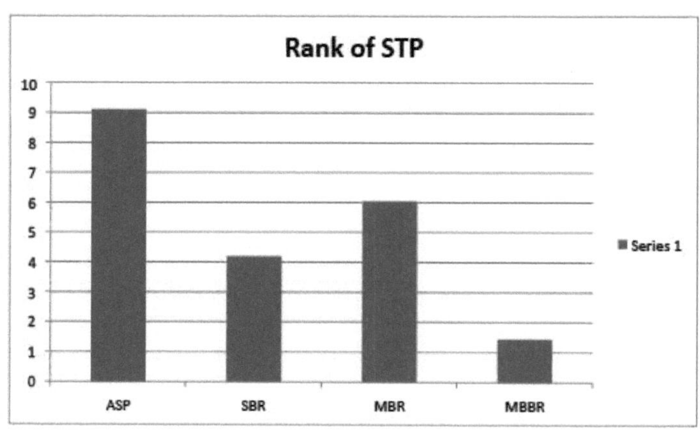

Fig. 3.4.3: Fileiras de um STP

Capítulo 4

CONCLUSÕES

- Seleção A seleção do sistema operativo "STP" adequado para um edifício residencial, de acordo com as suas necessidades, pode ter resultados positivos:

Ao selecionar o sistema de funcionamento da estação de tratamento de águas residuais (ETAR) adequado para um edifício residencial, o impacto pode ser profundamente positivo. Ao adaptar a escolha para satisfazer as necessidades específicas do edifício, podem ser obtidas várias vantagens. Por exemplo, uma ETAR adequadamente selecionada pode gerir eficazmente o tratamento de águas residuais, conduzindo a uma melhor higiene e sustentabilidade ambiental para os residentes. Além disso, pode contribuir para a redução de custos, optimizando a utilização de recursos e minimizando os requisitos de manutenção. Adicionalmente, a seleção de um sistema de ETAR adaptado às necessidades do edifício pode aumentar a eficiência e eficácia globais, garantindo um desempenho fiável a longo prazo.

- Resultados positivos da globalização, tais como a diminuição dos custos, a eficiência temporal, o aumento da qualidade, a longa duração e o melhor desempenho:

As ramificações da escolha do sistema operacional de STP correto vão para além dos limites do edifício residencial, tendo um impacto positivo numa dinâmica global mais ampla. Através da globalização, a adoção de sistemas optimizados de tratamento de águas residuais pode produzir uma multiplicidade de benefícios. Estes incluem a redução dos custos associados à gestão de águas residuais, conseguida através de processos optimizados e da utilização de recursos. A eficiência temporal também é melhorada, uma vez que os sistemas optimizados de STP podem acelerar os processos de tratamento e minimizar o tempo de inatividade. Para além disso, a melhoria da qualidade do tratamento de águas residuais assegura a conformidade com os regulamentos ambientais e salvaguarda a saúde pública. A longevidade e o desempenho do sistema de ETAR também são melhorados, contribuindo para os objectivos de desenvolvimento sustentável e promovendo a gestão ambiental a uma escala global.

- Neste relatório, concluímos que o F-AHP e o F-TOPSIS são partes integrantes para a seleção do melhor STP:

A nossa análise exaustiva sublinha o papel indispensável do Fuzzy Analytical Hierarchy Process (F-AHP) e da Fuzzy Technique for Order Preference by Similarity to Ideal Solution (F-TOPSIS) no processo de seleção do STP ideal. Estas metodologias avançadas de tomada de decisões oferecem um quadro sistemático para avaliar e dar prioridade a vários critérios envolvidos na seleção de um sistema de STP. Ao integrar o F-AHP e o F-TOPSIS, os decisores podem navegar eficazmente na complexidade da tomada de decisões, considerando múltiplos factores como a relação custo-eficácia, o desempenho e o impacto ambiental. Esta abordagem integrada assegura um processo de seleção rigoroso e objetivo, conduzindo à identificação da solução de STP mais adequada e adaptada a necessidades e requisitos específicos.

- Para proporcionar uma experiência sem problemas ao cliente que pretende comprar a melhor estação de tratamento de águas residuais de acordo com as suas necessidades:

O objetivo global é proporcionar uma experiência simples e conveniente aos clientes que procuram obter a melhor estação de tratamento de águas residuais com base nas suas necessidades específicas. Ao utilizar metodologias avançadas de tomada de decisão e conhecimentos especializados, tais como F-AHP e F- TOPSIS, os clientes podem tomar decisões bem informadas com confiança. Isto implica compreender as suas necessidades, preferências e restrições, e orientá-los através do processo de seleção para identificar a solução de ETAR mais adequada. Ao fornecer assistência personalizada e orientação especializada, o objetivo é minimizar a complexidade e a incerteza, permitindo que os clientes façam escolhas informadas que se alinhem com os seus objectivos e prioridades. Em última análise, o objetivo é garantir a satisfação do cliente e facilitar a aquisição da estação de tratamento de águas residuais mais adequada às suas necessidades específicas.

REFERÊNCIAS

1. Amiri MP (2010) Project selection for oil-fields development by using the AHP and fuzzy TOPSIS methods. Expert Syst Appl 37:6218-6224. Jornal de Planeamento e Gestão de Recursos Hídricos Vol. 144, Edição 3 (março de 2018)

2. Adham, S., et al., (1998) Membrane Bioreactors for Water Repurification- Phase I, Desalination Research and Development Program Report No. 34; Bureau of Reclamation.

3. Adham, S., et al., (2000) Membrane Bioreactors for Water Reclamation - Phase II, Desalination Research and Development Program Report No. 60; Bureau of Reclamation.

4. Stephen Kennedy e Stephen Churchouse, "Advances in MBR Technology", junho de 2006

5. Adham, S., e DeCarolis, J., (2004) Optimization of Various MBR Systems for Water Reclamation-Phase III, Relatório Final do Projeto No. 103; Bureau of Reclamation.

6. Churchhouse, S.J., Wildgoose, D., (1999) Membrane Bioreactors hit the big time -from lab to full-scale installation. MBR2-Proc. @ Inlt Meeting on Membrane Bioreactors for Wastewater Treatment, University, Cranfield, UK. Pg. 14.

7. Davies, W.J., Le, M.S., e Heath, C.R., (1998) Processo intensificado de lamas activadas com microfiltração submersa. Wat. Sci. Technology. 38 (4-5), 421-429.

8. DeCarolis, J., Adham, S., Hirani Z., (in-print 2007) Evaluation of Newly Developed Membrane Bioreactor Systems for Water Reclamation - Phase 4. Relatório final, Projeto n.º 01- FC-81-1157, Departamento do Interior dos Estados Unidos, Gabinete de Recuperação.

9. Tao Guihe, Kiran Kekre, Zhao Wei, Ting Chui Lee, Bala Viswanath e Harry Seah, "Membrane Bioreactors for Water Reclamation" (Bioreactores de membrana para recuperação de águas)

10. Kubota Corporation - Departamento de Sistemas de Membranas, "Sai Kung STW Phase II Upgrading, EIA and Process Treatment Studies, Pilot Study of Membrane Bioreactor", março de 2003

11. Stephen Kennedy e Stephen Churchouse, "Advances in MBR Technology", junho de 2006

12. Departamento de Proteção Ambiental - Governo da RAE de HK, "Guidelines for Design of Small Sewage Treatment Plants" (Diretrizes para a conceção de pequenas estações de tratamento de águas residuais)

13. Meinhardt Infrastructure and Environment Limited, "Design and Construction of the Redevelopment of Lo Wu Correctional Institution - Second Stage Sewerage Impact Assessment (SIA) Report", outubro de 2007.

14. Amiri MP (2010) Project selection for oil-fields development by using the AHP and fuzzy TOPSIS methods. Expert Syst Appl 37:6218-6224. Jornal de Planeamento e Gestão de Recursos Hídricos Vol. 144, Edição 3 (março de 2018).

Printed by Books on Demand GmbH, Norderstedt / Germany